配电网工程作业风险点管控

国网山东省电力公司 ◎ 组编

中国电力出版社
CHINA ELECTRIC POWER PRESS

内 容 提 要

为提升配网工程作业风险点管控，牢固树立安全生产意识，国网山东省电力公司组织编制本书。本书以卡通人物形象对生产现场作业"十不干"、配网工程安全管理"十八项禁令"以及配网工程防人身事故"三十条措施"进行逐条解读，以便于广大电力系统员工理解和记忆。

本书主要内容包括生产现场作业"十不干"、配网工程安全管理"十八项禁令"，以及配网工程防人身事故"三十条措施"。

本书可供电力系统现场作业人员、管理人员、监理人员使用。

图书在版编目（CIP）数据

配电网工程作业风险点管控 / 国网山东省电力公司组编 . —北京：中国电力出版社，2022.5
ISBN 978-7-5198-6656-3

Ⅰ . ①配⋯ Ⅱ . ①国⋯ Ⅲ . ①配电系统－安全管理 Ⅳ . ① TM727

中国版本图书馆 CIP 数据核字（2022）第 057462 号

出版发行：中国电力出版社		印　　刷：北京瑞禾彩色印刷有限公司	
地　　址：北京市东城区北京站西街 19 号		版　　次：2022 年 5 月第一版	
邮政编码：100005		印　　次：2022 年 5 月北京第一次印刷	
网　　址：http://www.cepp.sgcc.com.cn		开　　本：889 毫米 ×1194 毫米　横 24 开本	
责任编辑：苗唯时（010-63412340）		印　　张：3.25	
责任校对：黄　蓓　于　维		字　　数：36 千字	
装帧设计：郝晓燕		印　　数：0001—5000 册	
责任印制：石　雷		定　　价：49.00 元	

编 委 会

主　任：刘伟生

副主任：李猷民　程学启　王庆杰

委　员：斯地克·买买提　黄　锐　赵辰宇　董　啸　李明星　杨兆强　李　强
　　　　任敬飞

编 写 组

主　编：黄　锐

副主编：赵辰宇　董　啸

参编人员：李　强　任敬飞　范云罡　田秋祥　刘明林　房　牧　左新斌　李建修
　　　　　刘　真　刘新中　韩振泉　李　哲　尹荣庆　王　鹏　程海斌　刘军青
　　　　　曲修鹏　崔乐乐　董　涛　张　建　莫秀芝　李吉鹏　候　芹　毕经华
　　　　　刘继英　许英君　张宇森　杨　超　徐　辉　王守礼　侯莉媛　李立强
　　　　　宋　峰　王　毅　张兴强　张延峰　谢宾燕　李军峰　王治国　朱　强

▶ 前言

　　国网山东省电力公司深入贯彻落实《国家电网有限公司关于修订配网工程安全管理"十八项禁令"和防人身事故"三十条措施"的通知》（国家电网设备〔2020〕587号）要求，牢固树立安全生产"四个最"意识，进一步加强配网工程安全管理，组织国网夏津县供电公司编制《配电网工程作业风险点管控》。

　　本书以卡通人物形象向广大工程管理人员和参建人员逐条解读生产现场作业"十不干"、配网工程安全管理"十八项禁令"以及配网工程防人身事故"三十条措施"，以便于人员理解和记忆，可有效提升现场作业人员的安全意识，规范作业行为。

　　由于编写仓促，书中不足之处，敬请读者批评指正。

编者

目 录

生产现场作业"十不干"

一、无票的不干。

二、工作任务、危险点不清楚的不干。

三、危险点控制措施未落实的不干。

四、超出作业范围未经审批的不干。

五、未在接地保护范围内的不干。

六、现场安全措施布置不到位、安全工器具不合格的不干。

七、杆塔根部、基础和拉线不牢固的不干。

八、高处作业防坠落措施不完善的不干。

九、有限空间内气体含量未经检测或检测不合格的不干。

十、工作负责人（专责监护人）不在现场的不干。

生产现场作业"十不干"释义

一、无票的不干

释义： 在电气设备上及相关场所的工作，正确填用工作票、操作票是保证安全的基本组织措施。无票作业容易造成安全责任不明确、保证安全的技术措施不完善、组织措施不落实等问题，进而造成管理失控发生事故。倒闸操作应有调控值班人员、运维负责人正式发布的指令，并使用经事先审核合格的操作票；在电气设备上工作，应填用工作票或事故紧急抢修单，并严格履行签发许可等手续，不同的工作内容应填写对应的工作票；动火工作必须按要求办理动火工作票，并严格履行签发、许可等手续。

二、工作任务、危险点不清楚的不干

释义： 在电气设备上的工作（操作），做到工作任务明确、作业危险点清楚，是保证作业安全的前提。工作任务、危险点不清楚，会造成不能正确履行安全职责、盲目作业、风险控制不足等问题。倒闸操作前，操作人员（包括监护人）应了解操作目的和操作顺序，对操作指令有疑问时应向发令人询问清楚无误后执行。持工作票工作前，工作负责人、专责监护人必须清楚工作内容、监护范围、人员分工、带电部位、安全措施和技术措施，清楚危险点及安全防范措施，并对工作班成员进行告知交底。工作班成员工作前要认真听取工作负责人、专责监护人交代，熟悉工作内容、工作流程，掌握安全措施，明确工作中的危险点，履行确认手续后方可开始工作。检修、抢修、试验等工作开始前，工作负责人应向全体作业人员详细交待安全注意事项，交待邻近带电部位，

指明工作过程中的带电情况，做好安全措施。

三、危险点控制措施未落实的不干

释义： 采取全面有效的危险点控制措施，是现场作业安全的根本保障，分析出的危险点及预控措施也是"两票""三措"等的关键内容，在工作前向全体作业人员告知，能有效防范可预见性的安全风险。运维人员应根据工作任务、设备状况及电网运行方式，分析倒闸操作过程中的危险点并制定防控措施，操作过程中应再次确认落实到位。工作负责人在工作许可手续完成后，组织作业人员统一进入作业现场，进行危险点及安全防范措施告知，全体作业人员签字确认。全体人员在作业过程中，应熟知各方面存在的危险因素，随时检查危险点控制措施是否完备、是否符合现场实际，危险点控制措施未落实到位或完备性遭到破坏的，要立即停止作业，按规定补充完善后再恢复作业。

四、超出作业范围未经审批的不干

释义： 在作业范围内工作，是保障人员、设备安全的基本要求。擅自扩大工作范围、增加或变更工作任务，将使作业人员脱离原有安全措施保护范围，极易引发人身触电等安全事故。增加工作任务时，如不涉及停电范围及安全措施的变化，现有条件可以保证作业安全，经工作票签发人和工作许可人同意后，可以使用原工作票，但应在工作票上注明增加的工作项目，并告知作业人员。如果增加工作任务时涉及变更或增设安全措施，应先办理工作票终结手续，然后重新办理新的工作票，履行签发、许可手续后，方可继续工作。

五、未在接地保护范围内的不干

释义： 在电气设备上工作，接地能够有效防范检修设备或线路突然来电等情况。未在接地保护范围内作业，如果检修设备突然来电或临近高压带电设备存在感应电，容易造成人身触电事故。检修设备停电后，作业人员必须在接地保护范围内工作。禁止作业人员擅自移动或拆除接地线。高压回路上的工作，必须要拆除全部或一部分接地线后始能进行工作者，应征得运维人员的许可（根据调控人员指令装设的接地线，应征得调控人员的许可），方可进行，工作完毕后立即恢复。

六、现场安全措施布置不到位、安全工器具不合格的不干

释义： 悬挂标示牌和装设遮栏（围栏）是保证安全的技术措施之一。标示牌具有警示、提醒作用，不悬挂标示牌或悬挂错误存在误拉合设备和误登、误碰带电设备的风险。围栏具有阻隔、截断的作用，如未在工作地点四周装设至出入口的围栏、未在带电设备四周装设全封闭围栏或围栏装设错误，存在误入带电间隔、将带电体视为停电设备的风险。安全工器具能够有效防止触电、灼伤、坠落、摔跌等，保障工作人员人身安全。合格的安全工器具是保障现场作业安全的必备条件，使用前应认真检查无缺陷，确认试验合格并在试验期内，拒绝使用不合格的安全工器具。

七、杆塔根部、基础和拉线不牢固的不干

释义： 近年来，公司系统多次发生因倒塔导致的人身伤亡事故，教训极为深刻。确保杆塔稳定性，对于防范杆塔倾倒造成作业人员坠伤亡事故十分关键。作业人员在攀登杆塔作业前，应检查杆塔根部、基础和拉线是否牢固，铁塔塔材是否缺少，螺栓是否齐全、匹配和紧固。铁塔组立后，地脚螺栓应随即加垫板并拧紧螺母及打毛丝扣。新立的杆塔应注意检查杆塔基础，若杆基未完全牢固、回填土或混凝土强度未达标

准或未做好临时拉线前，不能攀登。

八、高处作业防坠落措施不完善的不干

释义： 高处坠落是高处作业最大的安全风险，防高处坠落措施能有效保证高处作业人员人身安全。高处作业均应先搭设脚手架、使用高空作业车、升降平台或采取其他防止坠落措施，方可进行。在没有脚手架或者在没有栏杆的脚手架上工作，高度超过1.5m时，应使用安全带，或采取其他可靠的安全措施。在高处作业过程中，要随时检查安全带是否拴牢。高处作业人员在转移作业地点过程中，不得失去安全保护。

九、有限空间内气体含量未经检测或检测不合格的不干

释义： 有限空间进出口狭小，自然通风不良，易造成有毒有害、易燃易爆物质聚集或含氧量不足，在未进行气体检测或检测不合格的情况下贸然进入，可能造成作业人员中毒、有限空间燃爆事故。电缆井、电缆隧道、深度超过2m的基坑、沟（槽）内等工作环境比较复杂，同时又是一个相对密闭的空间，容易聚集易燃易爆及有毒气体。在上述空间内作业，为避免中毒及氧气不足，应排除浊气，经气体检测合格后方可工作。

十、工作负责人（专责监护人）不在现场的不干

释义： 工作监护是安全组织措施的最基本要求，工作负责人是执行工作任务的组织指挥者和安全负责人，工作负责人、专责监护人应始终在现场认真监护，及时纠正不安全行为。作业过程中，工作负责人、专责监护人应始终在工作现场认真监护。专责监护人临时离开时，应通知被监护人员停止工作或离开工作现场。专责监护人必须长时间离开工作现场时，应变更专责监护人。工作期间工作负责人若因故暂时离开工作现场时，应指定能胜任的人员临时代替，并告知工作班成员。工作负责人必须长时间离开工作现场时，应变更工作负责人，并告知全体作业人员及工作许可人。

一、无票的不干。

二、工作任务、危险点不清楚的不干。

三、危险点控制措施未落实的不干。

四、超出作业范围未经审批的不干。

五、未在接地保护范围内的不干。

六、现场安全措施布置不到位、安全工器具不合格的不干。

破损的绝缘手套

七、杆塔根部、基础和拉线不牢固的不干。

八、高处作业防坠落措施不完善的不干。

九、有限空间内气体含量未经检测或检测不合格的不干。

十、工作负责人（专责监护人）不在现场的不干。

配网工程安全管理"十八项禁令"

1. 严禁转包和违规分包。

2. 严禁施工人员无证作业。

3. 严禁未经安全培训进场作业。

4. 严禁劳务分包人员担任工作负责人。

5. 严禁无票、无施工方案作业。

6. 严禁不交底开展施工。

7. 严禁约时停、送电。

8. 严禁施工人员操作运行设备。

9. 严禁工作负责人（监护人）擅自离岗。

10. 严禁擅自扩大工作范围。

11. 严禁擅自变更现场安全措施。

12. 严禁使用未经检验或不合格安全工器具。

13. 严禁不验电、不挂接地线施工。

14. 严禁不打拉线放、紧线。

15. 严禁杆基不牢登杆作业。

16. 严禁登高不系安全带。

17. 严禁抛掷施工材料及工器具。

18. 严禁有限空间未通风、未检测进行作业。

配网工程安全管理"十八项禁令" 释义

一、严禁转包和违规分包。

释义： 工程承包单位是分包管理的责任主体，禁止以任何形式转包工程；禁止以劳务分包之名，行转包之实，不得以包代管；禁止将工程分包给不具备相应资质的施工企业和个人；禁止分包单位借用他人资质承揽分包工程；禁止分包单位对工作任务进行再次分包；分包合同应报业主项目部备案。

二、严禁施工人员无证作业。

释义： 所有施工人员进场施工前，应取得建设单位进场许可证。禁止无进场许可证人员进入施工现场，禁止无高空作业证人员登高作业，禁止无不停电作业证人员带电作业，禁止无特种作业证人员操作相关机具。业主、监理项目部应全面核查施工人员持证情况并常态化开展现场监督检查。

三、严禁未经安全培训进场作业。

释义： 参建人员应经相应的安全培训并考试合格，掌握本岗位所需安全生产知识、安全作业技能和紧急救护法。建设单位应定期对业主、监理项目部全体人员和施工项目部项目经理、工作负责人、安全员等关键人员进行安全培训。施工单位应对施工项目部全体作业人员（含专业分包、劳务分包人员）进行安全培训，并报建设单位备案。因故间断工作连续三个月及以上的参建人员，应重新进行安全培训，考试合格后方可恢复工作。

四、严禁劳务分包人员担任工作负责人。

释义： 工作负责人应由有专业工作经验、熟悉现场作业环境和流程、工作范围的施工单位自有人员担任。工作负责人名单应经施工单位考核、批准、公布，并报建设单位备案。

五、严禁无票、无施工方案作业。

释义： 施工单位应在作业前完成现场勘察，根据不同工作内容，填写对应的工作票（作业票），并严格履行签发、许可手续。施工方案由施工项目部编制，经监理项目部审查后，报业主项目部审批。

六、严禁不交底开展施工。

释义： 项目开工前，建设单位应组织运行、设计、监理、施工等单位进行设计及施工交底，交代设计意图、安全技术要求及相关注意事项；施工单位技术负责人向施工人员进行安全技术交底，交代安全质量要求和施工方法措施。现场作业前，工作负责人应对全体作业人员进行安全交底及危险点告知，交待安全措施并确认签字。

七、严禁约时停、送电。

释义： 停电、送电作业应严格执行工作许可制度，禁止采用约时停电、送电。停电工作前，工作许可人应与工作负责人核对线路名称、设备双重名称，检查核对现场安全措施，指明保留带电部位。恢复送电时，工作许可人应向工作负责人确认所有工作已完毕，所有工作人员已撤离，所有接地线已拆除，与记录簿核对无误并做好记录后，方可下令拆除各侧安全措施，合闸送电。

八、严禁施工人员操作运行设备。

释义： 为避免误操作造成的电网、人身安全事故，

配网工程安全管理"十八项禁令" 释义

配电运行设备须由设备运维管理单位作业人员进行操作，禁止施工人员操作。

九、严禁工作负责人（监护人）擅自离岗。

释义： 工作负责人（监护人）在作业过程中应始终在工作现场认真监护，及时纠正不安全行为。工作期间，工作负责人若需暂时离开工作现场，应指定能胜任的人员临时代替，并告知全体工作班成员；若需长时间离开工作现场时，应变更工作负责人，并告知全体工作班成员及工作许可人。专责监护人临时离开时，应通知作业人员停止作业或离开作业现场；若必须长时间离开作业现场时，应变更专责监护人，告知全体被监护人员。

十、严禁擅自扩大工作范围。

释义： 扩大工作范围应履行相关手续。增加工作任务时，如涉及变更或增设安全措施，应重新办理工作票（作业票），履行签发、许可手续；如不涉及停电范围及安全措施变化，经工作票（作业票）签发人和工作许可人同意后，在原工作票（作业票）上注明增加的工作项目，并告知作业人员。

十一、严禁擅自变更现场安全措施。

释义： 现场安全措施是降低作业风险的有效措施，任何单位或个人不得擅自变更。工作中若有特殊情况需要变更时，工作负责人、工作许可人应先取得对方同意，并及时恢复，变更情况应及时记录在工作票（作业票）上。

十二、严禁使用未经检验或不合格安全工器具。

释义： 合格的安全工器具能有效防止设备和人身事故，保障作业人员人身安全。施工单位应设专人管理安全工器具，收发应严格落实验收手续，定期开展维护和检验，建立台账。施工人员使用前应进行安全工器具可靠性检查，确认无缺陷、试验合格后方可使用。

十三、严禁不验电、不挂接地线施工。

释义： 接地前，应使用相应电压等级经检验合格的验电器进行验电，当验明确已无电压后，立即可靠接地。禁止作业人员擅自变更工作票中指定的接地线位置、数量，若需变更应由工作负责人征得工作票签发人或工作许可人同意，并在工作票上注明变更情况。

十四、严禁不打拉线放、紧线。

释义： 放、紧线作业前应在耐张杆塔导线的反向延长线上装设临时拉线。临时拉线一般使用钢丝绳或钢绞线，对地夹角宜小于45°，一个桩锚上的临时拉线不得超过两根，临时拉线固定应牢固可靠。作业过程中应实时检查临时拉线受力情况。

十五、严禁杆基不牢登杆作业。

释义： 作业人员在攀登杆塔前，应检查杆根、杆身、基础和拉线是否牢固，电杆埋深是否合格，铁塔塔材是否缺少，螺栓是否齐全、匹配和紧固。遇有冲刷、起土、上拔或导地线、拉线松动的杆塔，应先培土加固、打好临时拉线或支好架杆。禁止攀登杆基未完全牢固或未做好临时拉线的新立杆塔。

十六、严禁登高不系安全带。

释义： 高处作业人员应正确使用安全带，宜使用有后备保护绳或速差自锁器的双控背带式安全带，安全带和保护绳应分挂在杆塔不同部位的牢固构件上。安全带及后备防护设施应高挂低用，高处作业过程中，应随时检查安全带牢靠情况，转移位置时不得失去安全带保护。

十七、严禁抛掷施工材料及工器具。

释义：高处作业所用的工具和材料应放在工具袋内或用绳索拴在牢固的构件上，较大的工具应系保险绳，施工用料应随用随吊。向坑槽内运送材料时，坑上坑下应统一指挥，使用溜槽或绳索向下放料，不得抛掷。任何人员不得在吊物下方接料或停留。

十八、严禁有限空间未通风、未检测进行作业。

释义：进入深基坑、电缆井、电缆隧道等有限空间作业，应坚持"先通风、再检测、后作业"的原则。作业前应进行风险辨识，分析有限空间气体种类并进行评估监测，做好记录。检测人员进行检测时，应当采取防中毒窒息等安全防护措施。检测时间不宜早于作业开始前30分钟，作业中断超过30分钟，应重新通风、检测合格后方可进入。

一、严禁转包和违规分包。

释义： 工程承包单位是分包管理的责任主体，禁止以任何形式转包工程；禁止以劳务分包之名，行转包之实，不得以包代管；禁止将工程分包给不具备相应资质的施工企业和个人；禁止分包单位借用他人资质承揽分包工程；禁止分包单位对工作任务进行再次分包；分包合同应报业主项目部备案。

二、严禁施工人员无证作业。

释义： 所有施工人员进场施工前，应取得建设单位进场许可证。禁止无进场许可证人员进入施工现场，禁止无高空作业证人员登高作业，禁止无不停电作业证人员带电作业，禁止无特种作业证人员操作相关机具。业主、监理项目部应全面核查施工人员持证情况并常态化开展现场监督检查。

三、严禁未经安全培训进场作业。

释义： 参建人员应经相应的安全培训并考试合格，掌握本岗位所需安全生产知识、安全作业技能和紧急救护法。建设单位应定期对业主、监理项目部全体人员和施工项目部项目经理、工作负责人、安全员等关键人员进行安全培训。施工单位应对施工项目部全体作业人员（含专业分包、劳务分包人员）进行安全培训，并报建设单位备案。因故间断工作连续三个月及以上的参建人员，应重新进行安全培训，考试合格后方可恢复工作。

四、严禁劳务分包人员担任工作负责人。

释义： 工作负责人应由有专业工作经验、熟悉现场作业环境和流程、工作范围的施工单位自有人员担任。工作负责人名单应经施工单位考核、批准、公布，并报建设单位备案。

五、严禁无票、无施工方案作业。

释义：施工单位应在作业前完成现场勘察，根据不同工作内容，填写对应的工作票（作业票），并严格履行签发、许可手续。施工方案由施工项目部编制，经监理项目部审查后，报业主项目部审批。

六、严禁不交底开展施工。

释义： 项目开工前，建设单位应组织运行、设计、监理、施工等单位进行设计及施工交底，交代设计意图、安全技术要求及相关注意事项；施工单位技术负责人向施工人员进行安全技术交底，交代安全质量要求和施工方法措施。现场作业前，工作负责人应对全体作业人员进行安全交底及危险点告知，交待安全措施并确认签字。

七、严禁约时停、送电。

释义：停电、送电作业应严格执行工作许可制度，禁止采用约时停电、送电。停电工作前，工作许可人应与工作负责人核对线路名称、设备双重名称，检查核对现场安全措施，指明保留带电部位。恢复送电时，工作许可人应向工作负责人确认所有工作已完毕，所有工作人员已撤离，所有接地线已拆除，与记录簿核对无误并做好记录后，方可下令拆除各侧安全措施，合闸送电。

八、严禁施工人员操作运行设备。

释义： 为避免误操作造成的电网、人身安全事故，配电运行设备须由设备运维管理单位作业人员进行操作，禁止施工人员操作。

九、严禁工作负责人（监护人）擅自离岗。

释义： 工作负责人（监护人）在作业过程中应始终在工作现场认真监护，及时纠正不安全行为。工作期间，工作负责人若需暂时离开工作现场，应指定能胜任的人员临时代替，并告知全体工作班成员；若需长时间离开工作现场时，应变更工作负责人，并告知全体工作班成员及工作许可人。专责监护人临时离开时，应通知作业人员停止作业或离开作业现场；若必须长时间离开作业现场时，应变更专责监护人，告知全体被监护人员。

十、严禁擅自扩大工作范围。

释义： 扩大工作范围应履行相关手续。增加工作任务时，如涉及变更或增设安全措施，应重新办理工作票（作业票），履行签发、许可手续；如不涉及停电范围及安全措施变化，经工作票（作业票）签发人和工作许可人同意后，在原工作票（作业票）上注明增加的工作项目，并告知作业人员。

十一、严禁擅自变更现场安全措施。

释义：现场安全措施是降低作业风险的有效措施，任何单位或个人不得擅自变更。工作中若有特殊情况需要变更时，工作负责人、工作许可人应先取得对方同意，并及时恢复，变更情况应及时记录在工作票（作业票）上。

十二、严禁使用未经检验或不合格安全工器具。

释义： 合格的安全工器具能有效防止设备和人身事故，保障作业人员人身安全。施工单位应设专人管理安全工器具，收发应严格落实验收手续，定期开展维护和检验，建立台账。施工人员使用前应进行安全工器具可靠性检查，确认无缺陷、试验合格后方可使用。

十三、严禁不验电、不挂接地线施工。

释义： 接地前，应使用相应电压等级经检验合格的验电器进行验电，当验明确已无电压后，立即可靠接地。禁止作业人员擅自变更工作票中指定的接地线位置、数量，若需变更应由工作负责人征得工作票签发人或工作许可人同意，并在工作票上注明变更情况。

十四、严禁不打拉线放、紧线。

释义：放、紧线作业前应在耐张杆塔导线的反向延长线上装设临时拉线。临时拉线一般使用钢丝绳或钢绞线，对地夹角宜小于 45°，一个桩锚上的临时拉线不得超过两根，临时拉线固定应牢固可靠。作业过程中应实时检查临时拉线受力情况。

十五、严禁杆基不牢登杆作业。

释义： 作业人员在攀登杆塔前，应检查杆根、杆身、基础和拉线是否牢固，电杆埋深是否合格，铁塔塔材是否缺少，螺栓是否齐全、匹配和紧固。遇有冲刷、起土、上拔或导地线、拉线松动的杆塔，应先培土加固、打好临时拉线或支好架杆。禁止攀登杆基未完全牢固或未做好临时拉线的新立杆塔。

十六、严禁登高不系安全带。

释义：高处作业人员应正确使用安全带，宜使用有后备保护绳或速差自锁器的双控背带式安全带，安全带和保护绳应分挂在杆塔不同部位的牢固构件上。安全带及后备防护设施应高挂低用，高处作业过程中，应随时检查安全带牢靠情况，转移位置时不得失去安全带保护。

十七、严禁抛掷施工材料及工器具。

释义： 高处作业所用的工具和材料应放在工具袋内或用绳索拴在牢固的构件上，较大的工具应系保险绳，施工用料应随用随吊。向坑槽内运送材料时，坑上坑下应统一指挥，使用溜槽或绳索向下放料，不得抛掷。任何人员不得在吊物下方接料或停留。

十八、严禁有限空间未通风、未检测进行作业。

释义： 进入深基坑、电缆井、电缆隧道等有限空间作业，应坚持"先通风、再检测、后作业"的原则。作业前应进行风险辨识，分析有限空间气体种类并进行评估监测，做好记录。检测人员进行检测时，应当采取防中毒窒息等安全防护措施。检测时间不宜早于作业开始前 30 分钟，作业中断超过 30 分钟，应重新通风、检测合格后方可进入。

配网工程防人身事故"三十条措施"

一、防触电工作措施

1. 工作前必须开展现场勘察。现场勘察应明确施工作业停电范围、保留的带电部位、接地线装设位置、数量、编号以及邻近线路、交叉跨越、联络电源、分布式电源等危险点。

2. 严格执行停电、验电、挂接地线、悬挂标示牌和装设遮栏(围栏)等保证安全的技术措施。工作地段内有可能反送电的各分支线都应挂接地线。

3. 架空绝缘导线不得视为绝缘设备,作业人员不得直接接触或接近。禁止作业人员穿越未停电接地或未采取隔离措施的在运绝缘导线进行工作。

4. 登杆塔前,作业人员应核对线路的识别标记和线路名称、杆号,无误后方可攀登。

5. 对邻近带电线路、设备导致施工线路或设备可能产生感应电压时,应加装接地线或使用个人保安线。在带电设备区域内使用起重设备时,应保证足够的安全距离,安装接地线并可靠接地。

6. 放线、撤线与紧线时,应控制导线摆(跳)动,保持与带电线路的安全距离。遇有5级及上大风时,应停止作业。

7. 施工电源应有漏电保护装置。电动工器具、机具金属外壳必须可靠接地,使用前检测漏电保护装置是否正确动作。

8. 作业时,严禁擅自变更工作范围或安全措施。办理工作终结手续前,应确认所有施工人员已撤离工作现场,所有安全措施已拆除。

9. 带电作业应穿戴合格绝缘防护用具。作业时应有人监护,监护人不得直接操作,监护范围不得超过一个作业点。复杂或高杆塔作业,必要时应增设专责监护人。

二、防高坠工作措施

10. 5级及以上的大风以及暴雨、雷电、冰雹、大雾、沙尘暴等恶劣天气下,应停止露天高处作业。

11. 登高前,应检查登高工具、设施是否完整牢靠。攀登有覆冰、积雪、积霜、雨水的杆塔时,应采取防滑措施。严禁借助绳索、拉线上下杆塔或顺杆下滑。

12. 在杆塔上作业时，宜使用有后备保护绳或速差自锁器的双控背带式安全带。安全带应高挂低用，并和后备保护绳分别挂在不同部位的牢固构件上。

13. 作业人员攀登杆塔、杆塔上移位及杆塔上作业时，应系好安全带，全程不得失去安全保护。应防止安全带从杆顶脱出或被锋利物件损坏。

14. 对于附着物较多的杆塔，高处作业时宜采用斗臂车方式进行作业。跨越障碍物时，必须经验电确认安全后方可跨越，跨越过程中不得失去安全保护。

15. 严禁携带器材登杆。杆上所用工具应装在工具袋内，高空作业传递工具、器材应使用绳索，不得抛扔。杆塔上下无法避免垂直交叉作业时，应做好防落物伤人的措施。

16. 杆塔上有人工作时，严禁调整或拆除拉线。不得随意拆除未采取补强措施的受力构件。杆塔上作业人员不得从事与工作无关的活动。

17. 使用梯子进行高处作业时，梯子应坚固完整，有防滑措施和限高标志，有专人扶梯。梯子严禁绑接使用。人字梯应有限制开度的措施。

18. 居民区及交通道路附近开挖的基坑，应安全遮蔽或可靠隔离，加挂警告标示牌，夜间挂红灯。

基础浇筑与拆除模板时，作业人员应从扶梯上下。

三、防倒杆工作措施

19. 水泥杆基础设计原则上加装底盘和卡盘，无需加装的应经充分论证。对于坡道、河边等易造成基础冲刷，或埋深无法满足的电杆，应采取加固措施。

20. 严格立杆前检查，施工、监理单位应提前对电杆逐基检查。重点检查电杆横、纵向裂纹、3米标记线、制造厂标识和载荷级别等。

21. 严格基础施工质量工艺，直线杆卡盘应顺线路方向，左、右侧交替埋设，承力杆卡盘埋设在承力侧。电杆、卡盘埋深应满足设计要求，电杆基坑回填时应分层夯实。

22. 严格执行立杆旁站监理。立杆过程监理人员应采取旁站方式，重点监督隐蔽工程质量和电杆埋深。

23. 立（撤）杆塔要由专人统一指挥，使用吊车立、撤杆塔，钢丝绳套应挂在电杆的适当位置以防止电杆突然倾倒。撤杆时，应先检查有无卡盘或障碍物并试拔。

24. 调整杆塔倾斜、弯曲、拉线受力不均时，应根据需要设置临时拉线及其调节范围，并应有专人统一指挥。

25. 登杆作业前，应检查杆根、拉线及基础是否牢固，攀登过程中应检查纵向、横向裂纹，检查法兰连接处和金具锈蚀情况。禁止攀登杆基未完全牢固或未做好临时拉线的新立杆塔。

26. 紧、撤线前，应检查拉线、桩锚及杆塔，必要时，应加固桩锚或增设临时拉线。紧、撤线时应防止导线接头卡住。禁止采用突然剪断带张力导线的做法松线。

四、防中毒窒息工作措施

27. 有限空间作业应坚持"先通风、再检测、后作业"的原则，作业前应进行风险辨识。出入口应保持畅通并设置明显的安全警示标志，夜间应设警示红灯。

28. 进入有限空间前，应先用通风设备排除浊气，再用气体检测仪检查有限空间内易燃易爆及有毒气体的含量是否超标，并做好记录。

29. 有限空间内作业，应在入口处设专责监护人，事先与作业人员规定明确的联络信号，并保持联系。工作时，通风设备应保持常开。作业前和离开时应准确清点人数。

30. 有限空间作业场所，应配备符合国家标准要求的安全作业设备、应急救援装备和个人防护用品。实施救援时，禁止盲目施救，救援人员应做好自身防护，佩戴必要的呼吸器具、救援器材。

一、防触电工作措施

1. 工作前必须开展现场勘察。现场勘察应明确施工作业停电范围、保留的带电部位、接地线装设位置、数量、编号以及邻近线路、交叉跨越、联络电源、分布式电源等危险点。

2. 严格执行停电、验电、挂接地线、悬挂标示牌和装设遮栏（围栏）等保证安全的技术措施。工作地段内有可能反送电的各分支线都应挂接地线。

验电时应采用合格的验电器。

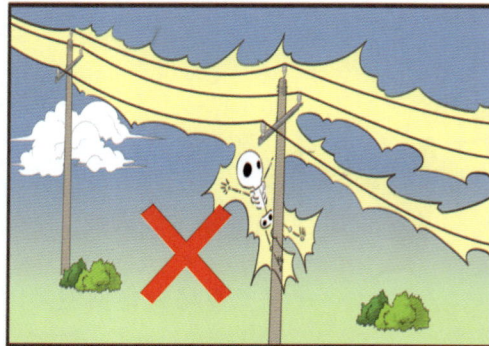

严格执行停电、验电、挂接地线、悬挂标示牌和装设遮栏的安全措施。

工作地段内有可能反送电的各分支线都应挂接地线。

配网工程防人身事故"三十条措施"

3. 架空绝缘导线不得视为绝缘设备，作业人员不得直接接触或接近。禁止作业人员穿越未停电接地或未采取隔离措施的在运绝缘导线进行工作。

4. 登杆塔前，作业人员应核对线路的识别标记和线路名称、杆号，无误后方可攀登。

5. 对邻近带电线路、设备导致施工线路或设备可能产生感应电压时，应加装接地线或使用个人保安线。在带电设备区域内使用起重设备时，应保证足够的安全距离，安装接地线并可靠接地。

6. 放线、撤线与紧线时，应控制导线摆（跳）动，保持与带电线路的安全距离。遇有 5 级及上大风时，应停止作业。

7. 施工电源应有漏电保护装置。电动工器具、机具金属外壳必须可靠接地，使用前检测漏电保护装置是否正确动作。

8. 作业时，严禁擅自变更工作范围或安全措施。办理工作终结手续前，应确认所有施工人员已撤离工作现场，所有安全措施已拆除。

9. 带电作业应穿戴合格绝缘防护用具。作业时应有人监护，监护人不得直接操作，监护范围不得超过一个作业点。复杂或高杆塔作业，必要时应增设专责监护人。

二、防高坠工作措施

10.5 级及以上的大风以及暴雨、雷电、冰雹、大雾、沙尘暴等恶劣天气下，应停止露天高处作业。

11. 登高前，应检查登高工具、设施是否完整牢靠。攀登有覆冰、积雪、积霜、雨水的杆塔时，应采取防滑措施。严禁借助绳索、拉线上下杆塔或顺杆下滑。

12. 在杆塔上作业时，宜使用有后备保护绳或速差自锁器的双控背带式安全带。安全带应高挂低用，并和后备保护绳分别挂在不同部位的牢固构件上。

13. 作业人员攀登杆塔、杆塔上移位及杆塔上作业时，应系好安全带，全程不得失去安全保护。应防止安全带从杆顶脱出或被锋利物件损坏。

14. 对于附着物较多的杆塔，高处作业时宜采用斗臂车方式进行作业。跨越障碍物时，必须经验电确认安全后方可跨越，跨越过程中不得失去安全保护。

15. 严禁携带器材登杆。杆上所用工具应装在工具袋内，高空作业传递工具、器材应使用绳索，不得抛扔。杆塔上下无法避免垂直交叉作业时，应做好防落物伤人的措施。

16. 杆塔上有人工作时，严禁调整或拆除拉线。不得随意拆除未采取补强措施的受力构件。杆塔上作业人员不得从事与工作无关的活动。

17. 使用梯子进行高处作业时，梯子应坚固完整，有防滑措施和限高标志，有专人扶梯。梯子严禁绑接使用。人字梯应有限制开度的措施。

18. 居民区及交通道路附近开挖的基坑，应安全遮蔽或可靠隔离，加挂警告标示牌，夜间挂红灯。基础浇筑与拆除模板时，作业人员应从扶梯上下。

三、防倒杆工作措施

19. 水泥杆基础设计原则上加装底盘和卡盘，无需加装的应经充分论证。对于坡道、河边等易造成基础冲刷，或埋深无法满足的电杆，应采取加固措施。

20. 严格立杆前检查，施工、监理单位应提前对电杆逐基检查。重点检查电杆横、纵向裂纹、3 米标记线、制造厂标识和载荷级别等。

21. 严格基础施工质量工艺，直线杆卡盘应顺线路方向、左、右侧交替埋设，承力杆卡盘埋设在承力侧。电杆、卡盘埋深应满足设计要求，电杆基坑回填时应分层夯实。

22. 严格执行立杆旁站监理。立杆过程监理人员应采取旁站方式，重点监督隐蔽工程质量和电杆埋深。

23. 立（撤）杆塔要由专人统一指挥，使用吊车立、撤杆塔，钢丝绳套应挂在电杆的适当位置以防止电杆突然倾倒。撤杆时，应先检查有无卡盘或障碍物并试拔。

24. 调整杆塔倾斜、弯曲、拉线受力不均时，应根据需要设置临时拉线及其调节范围，并应有专人统一指挥。

25. 登杆作业前，应检查杆根、拉线及基础是否牢固，攀登过程中应检查纵向、横向裂纹，检查法兰连接处和金具锈蚀情况。禁止攀登杆基未完全牢固或未做好临时拉线的新立杆塔。

26. 紧、撤线前，应检查拉线、桩锚及杆塔，必要时，应加固桩锚或增设临时拉线。紧、撤线时应防止导线接头卡住。禁止采用突然剪断带张力导线的做法松线。

四、防中毒窒息工作措施

27. 有限空间作业应坚持"先通风、再检测、后作业"的原则，作业前应进行风险辨识。出入口应保持畅通并设置明显的安全警示标志，夜间应设警示红灯。

28. 进入有限空间前，应先用通风设备排除浊气，再用气体检测仪检查有限空间内易燃易爆及有毒气体的含量是否超标，并做好记录。

29. 有限空间内作业，应在入口处设专责监护人，事先与作业人员规定明确的联络信号，并保持联系。工作时，通风设备应保持常开。作业前和离开时应准确清点人数。

30.有限空间作业场所,应配备符合国家标准要求的安全作业设备、应急救援装备和个人防护用品。实施救援时,禁止盲目施救,救援人员应做好自身防护,佩戴必要的呼吸器具、救援器材。